Maria-Regina und Michael Altmeyer

Urmel und seine Freunde

Bastelideen aus Tonkarton

frechverlag

Im frechverlag sind viele weitere Bastelbücher mit tollen Ideen erschienen. Zum Beispiel:

TOPP 2085

TOPP 2184

TOPP 2122

TOPP 2322

TOPP 1868

TOPP 2246

Fotos: frechverlag GmbH + Co. Druck KG, 70499 Stuttgart;
Fotostudio Ullrich & Co., Renningen

Dieses Buch enthält:
2 Vorlagenbogen

Auflage: 5. 4. 3. 2. 1. | Letzte Zahlen
Jahr: 2002 2001 2000 1999 98 | maßgebend

1998 erschienen im

frechverlag GmbH + Co. Druck KG, 70499 Stuttgart

ISBN 3-7724-2353-1 · Best.-Nr. 2353

Druck: frechverlag GmbH + Co. Druck KG, 70499 Stuttgart

Titiwu ist schon ein merkwürdiges Eiland: Hier leben eine sprechende Sau, ein singender See-Elefant, ein kurzsichtiger Schuhschnabel, ein lispelnder Waran, ein pfiffiger Pinguin und, nicht zuletzt, ein prähistorisches Findelkind, genannt „das URMEL". Täglich schafft es diese muntere Schar aufs neue, daß es auf Titiwu drunter und drüber geht. Und das bereits seit rund 30 Jahren.

Ende der 60er Jahre schrieb Max Kruse die Buchvorlage, und am 23. November 1969 flimmerten die Insel und ihre sprechenden Bewohner zum ersten Mal über den heimischen Bildschirm. Schnell waren die Marionetten der Augsburger Puppenkiste ins Herz geschlossen, der Sonntag wurde zum URMELtag.
Die lustigen Sprechfehler, Pings Wunsch nach einer eigenen „Mupfel", Seele-Fants „öch bön so traurig" und das URMEL mit seinem um den Hals hängenden Schnuller durften einfach nicht versäumt werden.

Nun sind URMEL und seine Freunde zurückgekehrt:
Nicht als Marionetten, sondern als muntere Zeichentrickfiguren knüpfen sie nahtlos an den früheren Erfolg an. URMEL & Co. sind Kult – und das nicht nur bei den Kindern von damals.

Da wird es natürlich Zeit, sich URMEL, Wutz, Ping, Wawa, Schusch und Seele-Fant in die eigene Wohnung zu holen. Als Fensterbilder, Lesezeichen, Schultüte oder Tischdeko, auf Schachteln und Karten erfreuen sie groß und klein!

Viel Spaß mit URMEL & Co. wünschen Ihnen

Maria-Regina & Michael Altmeyer

Arbeitsmaterial

- Tonkarton und Tonpapier in den angegebenen Farben
- Transparent-, Architekten- oder Butterbrotpapier zum Abpausen und Übertragen der Motive vom Vorlagenbogen
- Fester Karton für die Schablonen
- Satinbänder in verschiedenen Farben
- Zwirn oder Garn zum Aufhängen der Fensterbilder
- Schuhkartons, Schachteln, Papiertüte
- Schultütenrohling (Fachhandel)
- Kreppapier, buntes Packpapier
- Rundhölzer, ø 6 mm
- Trinkhalme
- Mobilebügel

Werkzeug

- Schneidewerkzeuge: mittelgroße, spitze Schere (Papierschere), Nagelschere zum Schneiden von Rundungen, Cutter, dünne Nadel
- Schneideunterlage aus dem Bastel-Fachgeschäft (evtl. dicker, fester Karton) zum Schutz der Arbeitsfläche vor Beschädigungen
- Klebstoff: Alleskleber, doppelseitiges Klebeband, Heißkleber
- Bleistift (Stärke HB)
- Schwarzer Filzstift zum Aufzeichnen der Linien
- Weiße Lackfarbe für die Lichtreflexe in den Pupillen
- Unterlage zum Schutz des Arbeitstisches vor Klebstoffresten

Hinweis zu den verwendeten Farben

Urmel und seine Freunde wirken durch ihre typischen Farben. Um den Zeichentrickfiguren möglichst nahe zu kommen, sollten Sie Tonkarton und Tonpapier in den auf dem Vorlagenbogen 2 angegebenen Farbtönen verwenden. Wir haben mit Material von Ursus (BÄHR) gearbeitet, darauf beziehen sich auch die aufgeführten Farbnamen. Bei anderen Herstellern werden die verschiedenen Farben wahrscheinlich unter anderen Bezeichnungen angeboten.

Ausarbeitung

Für die einzelnen Motive werden zunächst Schablonen gearbeitet. Dazu legen Sie Transparent- bzw. Butterbrotpapier auf das gewünschte Muster vom Vorlagenbogen und zeichnen das Motiv mit einem spitzen, nicht zu harten Bleistift nach. Anschließend wird die abgepauste Zeichnung auf ein Stück festeren Karton gelegt bzw. geklebt und das Motiv ausgeschnitten. Die Kartonschablonen legen Sie auf das Tonpapier oder den Tonkarton und zeichnen mit einem Bleistift die Umrisse auf.

Dann werden die einzelnen Teile mit dem Cutter oder der Schere ausgeschnitten. Bei Kreisen und Rundungen ist die leicht gekrümmte Nagelschere hilfreich.

Die auf dem Vorlagenbogen schwarz eingezeichneten Körperlinien werden vor dem Zusammenfügen der Figurenteile aufgezeichnet. Dazu pausen Sie die Linien auf Transparentpapier ab, legen das Papier exakt auf das entsprechende Motivteil und fahren die Linien mit einem Bleistift oder Kugelschreiber nach; sie werden dadurch in den Karton gedrückt und lassen sich einfach nachziehen.

Der dickere und stabilere Tonkarton wird überall dort benutzt, wo die Figur Stabilität und Halt erhalten soll. Ansonsten wird mit dem leichteren und dünneren Tonpapier gearbeitet. Auch bei Verzierungen wird Tonpapier eingesetzt.

Sämtliche Fensterbilder sind beidseitig gestaltet, sie können daher auch frei im Raum aufgehängt werden. Die entsprechenden Teile werden aus Tonpapier doppelt ausgeschnitten und in der jeweiligen Reihenfolge auf der Vorder- wie auch auf der Rückseite aufgeklebt. Dabei bitte daran denken, die Teile der Rückseite spiegelverkehrt zu fixieren.

Zum Schluß kleben Sie die einzelnen Figurenteile zusammen.
Bei den Fensterbildern mit einer dünnen Nadel ein Loch einstechen, Garn hindurchziehen und das Motiv aufhängen.

Die Augen sind meist mehrteilig. Wenn Sie in die schwarzen Augen einen Lichtfleck setzen, wirken sie lebendiger. Wir haben dafür weiße Lackfarbe verwendet.

Urmel

(Abbildung siehe auch Titelseite)

Sein Alter sieht man ihm nicht an: Urmel ist ein Urtier aus der Urzeit, das in einem Ei tiefgefroren die Jahrmillionen überdauerte. Urmel ist frech, gefräßig, anhänglich, quengelig, mitunter auch ein bißchen tapsig und manchmal sogar unverschämt. Vor allem aber ist es äußerst neugierig und hat den größten Dickkopf auf Titiwu. Trotzdem mögen die anderen Inselbewohner Urmel sehr und haben es als ebenbürtiges Mitglied in ihre Titiwu-Familie aufgenommen.

Motivhöhe ca. 30 cm

MATERIAL:

- **Tonkarton, mausgrau**
- **Tonpapier, mausgrau, hellgrau, rubinrot, dunkelrot, rosa, sonnengelb und weiß**

Urmels Körper schneiden Sie einmal aus Tonkarton, alle übrigen Teile jeweils doppelt aus Tonpapier aus. Zu Beginn übertragen Sie mit einem schwarzen Filzstift die Körperlinien auf die einzelnen Motivteile. Dann kleben Sie beidseitig das hellgraue Gesichtsteil auf und fixieren Mund und Zunge. Den Kopf mit den Nasenlöchern und den Augen ergänzen. Anschließend werden Hemd, Hose, Hosenknöpfe und Halstuch befestigt.
Zum Schluß vervollständigen Sie Urmel mit dem losen Arm.

Wutz

(Beschreibung
Seite 8)

Motivhöhe ca. 28 cm

Wutz

(Abbildung Seite 7)

Wutz, die kluge Schweinedame, ist die Adoptivmutter von Urmel, das sie liebevoll „Urmeliii" nennt. Wutz ist äußerst ordnungsliebend, was bei ihr zu einem regelrechten Putzfimmel ausartet. Wenn es auf Titiwu mal wieder drunter und drüber geht, bewahrt sie einen kühlen Kopf und trifft – öff öff – die nötigen Enscheidungen.

MATERIAL:

- **Tonkarton, rosa**
- **Tonpapier, rosa, rosé, altrosa, hellblau, azurblau, californiablau, citronengelb und weiß**

Bis auf den Körper, der einmal aus Tonkarton gearbeitet wird, schneiden Sie sämtliche Teile jeweils doppelt aus Tonpapier zu.
Als erstes werden die schwarzen Körper- und Zierlinien auf die Einzelteile gezeichnet. Benutzen Sie dazu einen schwarzen Filzstift.
Damit Wutz ihrem ausgeprägten Putzfimmel frönen kann, fixieren Sie zunächst das Kopftuch. Danach werden Hose, Bluse, Kragen und der einzelne Arm plaziert. Die Ärmel befestigen.
Dann wird das Gesicht mit den Ohren, dem Nasenrüssel und den Augen vervollständigt. Als Nasenlöcher zwei kleine Ovale aufkleben, die Pupillen mit einem Filzstift und die Lichtflecken mit Lackfarbe aufmalen.
Zuletzt erhält Wutz noch ihre Schweinefüße.

Seele-Fant

(Abbildung Seite 9)

Seele-Fant ist ein melancholischer See-Elefant! Er liegt den ganzen Tag auf seinem Felsen vor Titiwus Küste und singt traurige Lieder. Von dort beobachtet er die Ereignisse auf der Insel und läßt sich ab und an dazu hinreißen, das „Göschöhön" in poetischen Reimen zu kommentieren.

MATERIAL:

- **Tonkarton, taubengrau**
- **Tonpapier, dunkelblau, krokus und weiß**

Den grauen Felsen einmal aus Tonkarton zuschneiden. Die Teile für unseren singenden Seele-Fanten werden jeweils doppelt aus Tonpapier gearbeitet.
Zu Beginn ergänzen Sie auf den Einzelteilen mit einem schwarzen Filzstift die Körperlinien. Anschließend den Felsen zwischen die massigen Körper-

hälften des See-Elefanten schieben und den Körper zusammenkleben. Beidseitig den hellen Unterbauch fixieren und auf dem Rücken die großen Flecken plazieren.

Einen recht müden Eindruck macht unser stimmgewaltiger Geselle, wenn Sie die halb geschlossenen Augen aufgeklebt haben.
Die Pupillen werden mit einem schwarzen Filzstift aufgemalt, die Lichtflecken mit weißer Farbe. Das aufgesetzte Matrosenhütchen macht Seele-Fant zu einem richtigen Seebären!

Motivhöhe ca. 25 cm

Ping

Ping ist, wie der Name schon sagt, ein Pinguin. Weil er der Kleinste auf Titiwu ist, meint er natürlich auch, oft zu kurz zu kommen. Ping ist schnell beleidigt und auf vieles neidisch, besonders Wawas „Mupfel" hat es ihm angetan. Gegenüber Urmel spielt er sich gern als Überlegener auf. Aber trotz seiner Macken hat auf der Insel jeder den kleinen Kerl mit der großen Klappe gern.

MATERIAL:

- **Tonkarton, königsblau**
- **Tonpapier, orange, rubinrot, pastellgrün und weiß**

Schneiden Sie Pings Körper einmal aus Tonkarton, die restlichen Teile jeweils doppelt aus Tonpapier aus.
Zunächst werden mit einem schwarzen Filzstift die Körperlinien aufgezeichnet.
Dann befestigen Sie auf beiden Seiten die Watschelfüße.
Anschließend kann das große Bauchteil fixiert werden.
Das Pinguingesicht mit dem Schnabel und den Augen ergänzen. Die Pupillen malen Sie mit einem schwarzen Filzstift und die Lichtflecke mit Lackfarbe auf.
Und damit Ping nicht unbekleidet herumlaufen muß, erhält er zuletzt noch seine rote Fliege.

Motivhöhe ca. 27 cm

Schusch

Schusch, der kurzsichtige Schuhschnabel, arbeitet als Postbote auf der Insel. Kaum ein Tag vergeht, an dem er nicht eine saubere Bruchlandung hinlegt.
Schusch ist sehr gutmütig, nur mit Urmel kann er nicht viel anfangen, weil dessen Unberechenbarkeit – wie er selbst sagt – seinen „änneren Kompaß durcheinander brängt."

MATERIAL:

- **Tonkarton, orange**
- **Tonpapier, hellorange, goldgelb, rosa, dunkelrot, dunkelblau, krokus, dunkelgrau und weiß**

Bei Schusch werden nur die Beine einmal aus Tonkarton gearbeitet, die restlichen Teile werden jeweils doppelt aus Tonpapier geschnitten.
Mit einem schwarzen Filzstift zeichnen Sie zuerst die Körperlinien und die angedeuteten Federn auf. Schieben Sie dann die Beine zwischen die beiden Körperhälften, und kleben Sie diese zusammen. Anschließend die Spitzen der Flügel und der Schwanzfedern beidseitig plazieren. Um den Hals die Federkrause legen.

Nun widmen wir uns dem Kopf des kühnen Postfliegers. Die Mütze aufsetzen und darauf die Gläser der Brille befestigen. Dann kann der lange Schnabel fixiert und das Schnabelinnenteil eingepaßt werden. Zuletzt das Augenpaar anbringen. Mit einem schwarzen Filzstift die Pupillen aufmalen, mit Lackfarbe die Lichtflecken ergänzen.

Motivhöhe ca. 27 cm

Wawa

Sein Aussehen ist Programm: Wawa ist ein cooler Waran. Am liebsten hat er seine Ruhe; dann zieht er sich in seine Riesenmuschel zurück, läßt den Deckel „tschuklappen" und möchte von niemandem gestört werden. Ping ist dieser Wunsch natürlich völlig egal, denn nur zu gern möchte er mal in Wawas „Mupfel", wie er sagt, hinein. Aber Wawa bleibt hart: In seine Muschel läßt er niemanden.

MATERIAL:

- **Tonkarton, meergrün**
- **Tonpapier, mint, sonnengelb, rosa, dunkelrot, violett und weiß**

Den schlanken Körper von Wawa einmal aus Tonkarton ausschneiden.
Die übrigen Teile werden jeweils doppelt aus Tonpapier angefertigt.
Zeichnen Sie mit einem schwarzen Filzstift die Linien auf Wawas Körper und auf die Krawatte.
Nun das Bauchteil beidseitig auf den Körper kleben. Anschließend erhält der Waran seinen Mund und seine Zunge.

Jetzt muß nur noch die Krawatte um den Hals gelegt und die Brille aufgesetzt werden. Auf den Brillengläsern die weißen Lichtreflexe fixieren. Sieht er nicht schick aus, unser Wawa?!

Hoch auf dem blauen Wa-aa-lroß

(Beschreibung Seite 18)

Ein Tänzchen gefällig?

(Beschreibung Seite 19)

Hoch auf dem blauen Wa-aa-lroß

(Abbildung Seite 16)

Wenn Urmel mit seiner Gitarre zum Tanz aufspielt, geht es auf Titiwu heiß her. Sogar Wawa hat dann anderes im Sinn als seine Muschel. Nur Seele-Fant scheint etwas zu bedrücken.

Motivhöhe ca. 35 cm

MATERIAL:

Seele-Fant:
- **Tonkarton, taubengrau und weiß**
- **Tonpapier, dunkelblau, krokus und weiß**

Urmel:
- **Tonpapier, mausgrau, hellgrau, rubinrot, dunkelrot, rosa, sonnengelb und weiß**

Gitarre:
- **Tonpapier, braun und chamois**

Zuerst wird Seele-Fant gebastelt. Den Felsen und das Matrosenkäppchen je einmal aus Tonkarton anfertigen, die restlichen Teile jeweils doppelt aus Tonpapier zuschneiden.
Zunächst zeichnen Sie mit einem schwarzen Filzstift Körperlinien und Hutkonturen auf. Dann wird der Körper zusammengeklebt, dabei schieben Sie den Felsen und das Käppchen zwischen die Hälften und fixieren so beides.
Anschließend plazieren Sie beidseitig die Bauchteile und die verschiedenen Rückenflecken. Das Gesicht mit den Augen ergänzen.
Nun kommt Urmel an die Reihe. Alle Teile werden doppelt aus Tonpapier ausgeschnitten. Bevor Sie den Körper beidseitig auf Seele-Fants Rücken befestigen, zeichnen Sie zunächst die schwarzen Körperlinien auf die Einzelteile. Nun nacheinander das hellgraue Gesichtsteil, die Nasenlöcher, den Mund, die Zunge und die Zahnreihe fixieren. Dann ziehen Sie Urmel das Hemd und danach die Hose an. Die Hose wird mit den Knöpfen verziert, um den Hals wird ein Halstuch gebunden.
Anschließend die Gitarre mit dem Innenteil ergänzen. Die Saiten skizzieren Sie mit einem schwarzen Filzstift. Nun die Gitarre aufkleben, dann erst die Arme befestigen.
Zuletzt erhält Urmel noch seine Fußflecken.

Ein Tänzchen gefällig?

(Abbildung Seite 17)

Man sieht Wawa und Ping so richtig an, wie gut ihnen Urmels Musik gefällt. Immer fröhlich im Kreis herum: So ist's richtig!

Motivhöhe ca. 23 cm

MATERIAL:

Wawa:
- **Tonpapier, meergrün, mint, sonnengelb, violett und weiß**

Ping:
- **Tonpapier, königsblau, orange, rubinrot, dunkelrot, rosa, pastellgrün und weiß**

Wiese:
- **Tonkarton, tropicgrün**

Das Wiesenteil schneiden Sie einmal aus Tonkarton zu. Die verschiedenen Teile der beiden Tänzer werden jeweils doppelt aus Tonpapier angefertigt. Mit einem schwarzen Filzstift zeichnen Sie zu Beginn die Körperlinien und die Wiesenstruktur auf. Dann fixieren Sie Wawas Körper so auf der Wiese, daß das Schwanzende über den Wiesenrand etwas herausragt. Anschließend den Bauch und die Brust plazieren. Um den Hals erhält Wawa ein gelbes Halstuch. Schließlich setzen Sie ihm noch die coole Brille auf. In die Brillenecken je einen weißen Reflex setzen. Nun befestigen Sie Pings königsblauen Körper, seine Flügelspitzen ruhen dabei in Wawas Fäusten. Dann werden der Bauch und das Gesicht aufgeklebt. Nacheinander den Schnabel, den Mund und die Zunge fixieren. Das Gesicht mit den Augen ergänzen, oben am Bauchrand die rote Fliege plazieren. Malen Sie die Pupillen und die Lichtflecken auf. Zuletzt werden Pings Watschelfüße befestigt: Einen Fuß am unteren Körperrand ansetzen, der andere Fuß sitzt halb auf Pings Körper und halb auf der Wiese. Und schon kann der wilde Reigen beginnen!

Badespaß auf Titiwu

Titiwu mit seinem dichten Urwald und dem alles überragenden Vulkan ist eine prächtige Insel im tiefblauen Meer. Hier kann man herrlich im Wasser herumtollen. Nur Ping scheint sich in dem kühlen Naß heute nicht allzu wohl zu fühlen. Vielleicht ist es ihm zu kalt?

Motivhöhe ca. 33 cm (Insel)

MATERIAL:

Insel:
- **Tonkarton, mausgrau und dunkelblau**
- **Tonpapier, lindgrün, grasgrün, tropicgrün, chamois, mittelbraun und taubengrau**

Urmel:
- **Tonkarton, dunkelblau**
- **Tonpapier, mausgrau, hellgrau, rubinrot und weiß**

Ping:
- **Tonkarton, dunkelblau**
- **Tonpapier, königsblau, pastellgrün, orange, rubinrot und weiß**

- **Nylonfaden**

Vor dem Zusammenfügen der einzelnen Mobileteile werden zunächst mit einem schwarzen Filzstift die Linien auf die Einzelteile gezeichnet.

INSEL

Das Wasserteil und den Vulkankegel je einmal aus Tonkarton zuschneiden. Die restlichen Titiwuteile werden jeweils doppelt aus Tonpapier angefertigt. Als erstes kleben Sie das blaue Wasserteil am unteren Bergrand fest; danach wird die Verbindungsstelle auf Vorder- und Rückseite mit dem Sandstrand abgedeckt. Anschließend beidseitig das lindgrüne Gebüsch fixieren. Die grasgrüne Baumkrone und die beiden tropicgrünen Büsche plazieren. Zuletzt befestigen Sie den Baumstamm und ergänzen den Vulkan mit seinem taubengrauen Vulkantrichter.

URMEL

Bis auf das Wasser, das einmal aus Tonkarton geschnitten wird, werden sämtliche Teile doppelt aus Tonpapier benötigt. Kleben Sie Urmels Kopf auf das Wasseroval. Fixieren Sie dann beidseitig das Gesichtsteil, und plazieren Sie Augen und Nasenlöcher. Als nächstes wird das Hemd befestigt und darauf der Kragen gesetzt. Zum Schluß den Ärmel und den Arm aufkleben. Die Pupillen werden mit einem schwarzen Filzstift aufgemalt.

PING

Das Wasser einmal aus Tonkarton, die restlichen Teile jeweils doppelt aus Tonpapier ausschneiden. Pings Körper auf das Wasser kleben, darauf das pastellgrüne Gesichtsteil fixieren. Anschließend werden der Schnabel und die Fliege plaziert. Nun noch Ping mit seinen großen Augen ergänzen und die Pupillen wie auch die Lichtreflexe aufzeichnen.

Urmel und Ping befestigen Sie mit je einem dünnen Nylonfaden unterhalb der Insel Titiwu.

Urmel beim Hausputz

Motivhöhe ca. 27 cm

Da wird sich Wutz aber mächtig freuen, wenn sie sieht, wie fleißig Urmel mit dem Besen in der Wohnung herumfegt. Aber Vorsicht: Wer weiß schon, welcher Unsinn ihm gleich wieder einfällt, den er mit dem Besen anstellen kann.

MATERIAL:

Urmel:

- **Tonpapier, mausgrau, hellgrau, rubinrot, sonnengelb und weiß**

Besen:

- **Tonkarton, braun**
- **Tonpapier, braun und sonnengelb**

Bis auf den Besenstiel, der einmal aus Tonkarton angefertigt wird, schneiden Sie sämtliche Motivteile doppelt aus Tonpapier zu.
Zunächst mit einem schwarzen Filzstift Urmels Körperlinien aufzeichnen und die Holz- und Strohstruktur des Besens andeuten. Anschließend kleben Sie die beiden Körperhälften zusammen, der Besenstiel wird dabei zwischen Urmels obere Handteile geschoben und mitfixiert. Nun Hemd und Hose beidseitig befestigen. Der untere Arm wird mit der Innenfläche am Besenstiel und mit dem Armende auf Urmels Hemd geklebt. Dann kann das hellgraue Gesichtsteil plaziert und mit den Nasenlöchern ergänzt werden.
Um den Hals erhält Urmel sein pfiffiges Halstuch, die Hose verzieren Sie mit zwei gelben Knöpfen. Die Augen aufkleben und Pupillen sowie Lichtpunkte aufmalen.
Zum Schluß bringen Sie am unteren Besenstielende das Besenteil an und plazieren darauf das braune Band.

Ist er nicht süß?

Wie ein kleines Baby hält Urmel Ping auf den Arm. Wenn es noch etwas wartet, schläft der Pinguin sicherlich gleich ein. Seine Augenlider sind schon ganz schwer.

Motivhöhe ca. 27 cm

MATERIAL:
- **Tonkarton, mausgrau**
- **Tonpapier, mausgrau, hellgrau, rubinrot, dunkelrot, rosa, sonnengelb, orange, königsblau, pastellgrün und weiß**

Urmels Körper wird einmal aus Tonkarton zugeschnitten. Die restlichen Teile fertigen Sie jeweils doppelt aus Tonpapier an.
Zuerst mit einem schwarzen Filzstift die Linien auf die Einzelteile zeichnen. Dann wird Urmels Schnauze fixiert, darauf zuerst der Mund und danach die Zunge. Den Kopf mit den Augen und den Nasenlöchern ergänzen. Anschließend nacheinander die Hose, die Knöpfe, das Hemd und das Halstuch plazieren. Der Arm wird zunächst nur im Bereich des Oberarms mit Klebstoff bestrichen und aufgesetzt. Dann befestigen Sie Pings Körper, dabei wird der Pinguin etwas unter Urmels Finger geschoben. Wenn Sie den Pinguin mit dem hellen Bauch und den Füßen ergänzt haben, kann endlich auch Urmels Hand festgeklebt werden. Dann wird Ping mit den Augen, dem Schnabel und der roten Fliege vervollständigt. Zuletzt die einzelnen Finger von Urmel auf Pings Rükken fixieren und die Fußsohlen mit den Flecken verzieren. Die Pupillen malen Sie mit einem Filzstift auf, die Lichtpunkte mit weißer Farbe.

Unterm Regenschirm

Plitsch, platsch macht es jedesmal, wenn die blauen Tropfen auf den Regenschirm treffen. Urmel findet dies wunderbar; es könnte im Regen stundenlang über seine Insel Titiwu streifen. Denn dann gibt's ja auch überall die schönen Pfützen, in denen man doch so herrlich herumplanschen kann...

Motivhöhe ca. 28 cm

MATERIAL:

Urmel:
- **Tonpapier, mausgrau, hellgrau, rubinrot, dunkelrot, sonnengelb und weiß**

Regenschirm:
- **Tonkarton, schwarz**
- **Tonpapier, dunkelblau, schwarz, rubinrot, meergrün, sonnengelb und krokus**
- **Nylonfaden**

Den Schirmstock schneiden Sie einmal aus Tonkarton, alle übrigen Teile jeweils doppelt aus Tonpapier zu.
Zuerst malen Sie mit einem schwarzen Filzstift die Körperlinien auf die Einzelteile, beim Schirm deuten Sie mit geschwungenen Linien die einzelnen Drahtstäbe an. Nun wird Urmels Körper zusammengeklebt, dabei wird der Schirmstock zwischen Kopf und oberer Hand geschoben und mitfixiert. Anschließend wird das Schnauzenteil samt den Nasenlöchern plaziert. Die Augen und den kleinen roten Mund aufkleben. Mit einem Filzstift werden die Pupillen aufgemalt, mit weißer Farbe die Lichtflecken.
Damit es Urmel im Regen nicht zu kalt wird, ziehen Sie ihm jetzt die Hose und das Hemd an. Um den Hals bekommt es sein fesches Halstuch, die Hose wird zusätzlich mit einem gelben Knopf verziert.
Dann können Sie den dunkelblauen Regenschirm beidseitig anbringen. Auf dem Schirm verteilen Sie die bunten Flicken, die schwarzen Nähte skizzieren Sie mit dem Filzstift. Zuletzt den schwarzen Mittelknopf befestigen und die beiden Wasserpfützen und mehrere Regentropfen fixieren. Die restlichen Wassertropfen werden übereinander an einem Nylonfaden zu drei Tropfenketten aufgereiht, die Ketten anschließend am Schirmrand angeklebt.

Motivhöhe ca. 21 cm

Das Urmeli ist da!

Mit dieser Karte können Sie die Geburt von Nachwuchs auf lustige Weise anzeigen oder dazu gratulieren!

MATERIAL:

Karte:
- **Tonkarton, tropicgrün**

Wutz:
- **Tonpapier, rosa, rosé, altrosa, hellblau, azurblau, californiablau, citronengelb und weiß**

Urmel:
- **Tonpapier, mausgrau, hellgrau, dunkelrot, rosa und weiß**

Wiege:
- **Tonpapier, californiablau, citronengelb, altrosa und weiß**

- **Satinband, gelb**

Zuerst werden Wutz und Urmel gebastelt. Die Blüten mit Innenteil jeweils dreimal, die Schleifen doppelt und die restlichen Teile je einmal aus Tonpapier ausschneiden. Mit einem schwarzen Filzstift werden zunächst die Linien auf die Einzelteile gezeichnet.

URMEL

Die gelbe Decke wird unter die Wiege geklebt und anschließend mit den weißblauen Blüten verziert. Mit den Schleifen dekorieren Sie die beiden Wiegenenden. Nun Urmels Kopf samt herabhängendem Arm teils auf der Decke und teils auf der Wiege fixieren. Dann wird das Gesichtsteil plaziert, darauf kleben Sie Mund und Zunge. Urmelis Gesicht mit den Nasenlöchern und den Augen ergänzen. Die Pupillen und die Lichtflecke aufmalen. Zuletzt befestigen Sie den Ärmel.

WUTZ

Nacheinander Hose, Hemd, Kopftuch und Ohren auf Wutz' Körper fixieren. Danach plazieren Sie den Rüssel samt Nasenlöchern. Die Füße mit den Schweinepfoten ergänzen. Zuletzt werden die verschränkten Arme und der einzelne gelbe Ärmel aufgeklebt.

KARTE

Die Karte wird aus Tonkarton gearbeitet. Die Grundform ist auf dem Vorlagenbogen zusammengeklappt dargestellt. Um eine Klappkarte zu erhalten, muß die Vorlage an der gestrichelten Linie verdoppelt werden. Das „Bogenfenster" auf der Vorderseite wird mit einem Cutter herausgetrennt. Urmel in seiner Wiege plazieren Sie unterhalb dieses Fensters auf der Kartenvorderseite. Wutz wird so in die Faltkarte geklebt, daß ihr Kopf durch die Fensteröffnung zu erkennen ist. Zuletzt binden Sie als Dekorierung noch gelbes Satinband um die Knickkante und verknoten die Bandenden zu einer Schleife.

Urmels Schultüte

Der 1. Schultag ist ein ganz besonderer Tag – mit Urmel als Begleiter wird er immer in guter Erinnerung bleiben!

Motivhöhe ca. 20 cm (Urmel)

MATERIAL:
- **Schultütenzuschnitt aus Tonkarton, grün, 68 cm hoch**
- **Kreppapier, gelb, 100 cm x 35 cm**
- **Doppelseitiges Klebeband**
- **Schleifenband, violett**
- **Tonkarton, violett**
- **Tonpapier, mausgrau, hellgrau, rubinrot, dunkelrot, rosa, sonnengelb, weiß, violett, chamois und dunkelgrün**

Damit sich der Schultütenzuschnitt besser rollen läßt, ziehen Sie ihn zunächst zwei- bis dreimal über eine Tischkante. Dann wird der Rohling mit doppelseitigem Klebeband zu einer Spitztüte zusammengeklebt. Aus dem violetten Tonkarton die Grundform der kleinen Spitze ausschneiden. Den Karton ineinanderrollen und die Spitze Naht auf Naht mit der Schultüte verkleben. Die Öffnung der Schultüte wird mit gelbem Kreppapier verschlossen. Dazu wird der innere Tütenrand mit Klebstoff bestrichen und das Kreppapier, an der Tütennaht beginnend, rundherum in kleinen Falten aufgedrückt. Mit Schleifenband wird das Kreppapier geschlossen. Anschließend können Sie die Schultüte mit Urmel und mehreren Buntstiften und Pinseln verzieren.

URMEL

Alle Teile einmal aus Tonpapier anfertigen. Vor dem Zusammenfügen werden mit einem schwarzen Filzstift die Linien auf die Einzelteile gezeichnet. Kleben Sie dann das Gesichtsteil auf Urmels Körper,und fixieren Sie Mund, Zunge, Nasenlöcher und Augen. Die Pupillen mit Filzstift aufmalen und die Lichtreflexe mit Lackfarbe. Nun nacheinander das Hemd, die Hose, das Halstuch und die Knöpfe plazieren. Anschließend geben Sie Urmel den Buntstift in die Hand und befestigen quer über seiner Brust einen Pinsel (siehe rechts). Zuletzt ergänzen Sie die Fußsohlen mit den Flecken und kleben den vorderen Arm auf.

PINSEL

Alle Motivteile aus Tonpapier zuschneiden. Halter und Pinselborsten jeweils unter einem Ende des grauen Mittelteils fixieren.

BUNTSTIFTE

Die Buntstifte bestehen aus je zwei Tonpapierteilen: Das chamoisfarbene Vorderteil ergänzen Sie mit einem roten oder violetten Schaft. Linien und Spitze mit einem Filzstift aufmalen.

SCHRIFTZUG

Die Buchstaben des Original-Schriftzuges überlappen sich teilweise. Sie werden in folgender Reihenfolge aufgeklebt: l-e-m-u-r.

Lesezeichen

Zukünftig passen Urmel und Wutz auf, bei welcher Seite die spannende Lektüre fortgesetzt werden soll.

Urmel

Motivhöhe ca. 27 cm

MATERIAL:

Palme:
- **Tonkarton, braun und tropicgrün**

Urmel:
- **Tonkarton, mausgrau**
- **Tonpapier, mausgrau, hellgrau, dunkelrot, rosa und weiß**

Aus Tonkarton den Palmenstamm, die Blätter und Urmels Kopf ausschneiden. Alle anderen Teile werden aus Tonpapier gefertigt.

Zunächst mit einem schwarzen Filzstift die Linien auf die Einzelteile zeichnen. Danach wird die hintere Blattreihe auf der Palme fixiert (gestrichelte Linie). Bevor Sie die vorderen Blätter befestigen, kleben Sie zuerst Urmels Kopf auf.
Dann wird Urmel mit den Nasenlöchern, dem Mund, der Zunge und den Augen vervollständigt. Die Pupillen malen Sie mit einem Filzstift auf. Vergessen Sie die Lichtpunkte nicht.
Jetzt schaut Urmel nicht nur keck aus den Palmenblättern heraus, sondern blinzelt auch pfiffig zwischen den Buchseiten hervor.

Wutz

Motivhöhe ca. 27 cm

MATERIAL:

- **Tonkarton, rosa, rosé, altrosa, hellblau, californiablau, citronengelb und weiß**

Die Nasenlöcher werden doppelt, alle übrigen Teile je einmal aus Tonkarton zugeschnitten.

Als erstes zeichnen Sie mit einem schwarzen Filzstift die Linien auf die Motivteile. Dann den Kragen und das Kopftuch fixieren. Die beiden Ohren aufkleben, danach den Schweinerüssel und darauf die beiden Nasenlöcher. Zuletzt erhält Wutz ihre Augen. Dann kann Wutz am oberen, geraden Rand des californiablauen Tonkartonstreifens plaziert werden. Und ab heute bereitet Lesen ein wirklich schweinisches Vergnügen.

Geschenkschachteln und -tüten

(Beschreibung Seite 36/37)

Geschenkschachteln und -tüten

(Abbildung Seite 34/35)

Schachteln und Tüten lassen sich mit Urmel & Co. in tolle Geschenkboxen verwandeln. Die Motive können Sie nach Wunsch vergrößern oder verkleinern, so daß sie überall hinpassen.
Falls Ihre Schachtel Flecken aufweist oder sonstwie unansehnlich erscheint, können Sie sie vorher mit buntem Packpapier bekleben. So ist z.B. die Buntstiftbox mit grünem Packpapier verkleidet.

„Alles Gute" zum Geburtstag

Motivhöhe ca. 18 cm

MATERIAL:

- **Tonpapier, mausgrau, hellgrau, rubinrot, rosa, sonnengelb, hellbraun und weiß**
- **Kartonschachtel**

Sämtliche Teile einmal aus Tonpapier ausschneiden. Mit einem schwarzen Filzstift zeichnen Sie zunächst die Linien und Verzierungen auf die Einzelteile. Als erstes kleben Sie Urmels Körper auf die Schachtel. Anschließend fixieren Sie das Gesicht, das Hemd, die Hose und den Kragen. Den Kopf mit den Nasenlöchern, den Augen und der großen Schleckerzunge vervollständigen. Die Pupillen und die Lichtreflexe werden aufgemalt.
Zwei Knöpfe verzieren Urmels Hose.
Dann ergänzen Sie die Torte mit der Zuckergußhaube und kleben oben eine Kerze darauf. Danach kann die Torte plaziert werden.
Zum Schluß Urmels Arm und Hand befestigen. Wem läuft da nicht das Wasser im Mund zusammen?

Buntstiftbox

Motivhöhe ca. 17 cm

MATERIAL:

- **Tonpapier, mausgrau, hellgrau, rubinrot, sonnengelb, blau, chamois und weiß**
- **Flache Schachtel**

Alle Motivteile werden je einmal aus Tonpapier zugeschnitten. Zuerst zeichnen Sie mit einem schwarzen Filzstift die Linien auf die Einzelteile.
Fixieren Sie Urmels Körper auf dem Deckel der Schachtel. Anschließend nacheinander Gesicht, Hemd, Hose, Halsschleife und Arm befestigen. Das Gesicht mit den Nasenlöchern und den Augen er-

gänzen, die Hose mit den Knöpfen verzieren. In die ausgestreckte Hand bekommt Urmel einen Buntstift.
Die einzelnen Buntstifte sind zweigeteilt: Das chamoisfarbene Vorderteil wird unter den Schaft geklebt, die Spitze selbst mit schwarzem Filzstift angedeutet.
Plazieren Sie zwei Stifte zu Urmels Füßen.

Glückstüte

Motivhöhe ca. 22 cm

MATERIAL:

- **Tonpapier, rosa, rosé, altrosa, hellblau, azurblau, citronengelb und weiß**
- **Papiertüte**

Die Einzelteile von Wutz werden je einmal aus Tonpapier gearbeitet. Zunächst zeichnen Sie mit einem schwarzen Filzstift die Linien auf die Motivteile. Dann kleben Sie das angedeutete Hemd auf die Papiertüte, die gerade Kante schließt dabei bündig mit dem unteren Tütenrand ab. Anschließend den Kopf, den Kragen und das Kopftuch plazieren. Danach ergänzen Sie Wutz mit den Hängeohren. Den Nasenrüssel fixieren und die beiden Nasenlöcher aufsetzen. Zuletzt die verschränkten Arme befestigen und den Oberarm mit dem Ärmel bedecken.
Die Blumen bestehen aus einem weißen Blütenkranz und einer aufgeklebten, gelben Blütenmitte. Mehrere Blüten werden auf Vorder- und Rückseite der Tüte verteilt.

Große Stecker

(Abbildung Seite 38/39)

Mit diesen Steckern können Sie Ihr eigenes kleines Titiwu gestalten. Eine richtige Dschungelatmosphäre kommt auf, wenn Sie Wawa, Wutz oder Ping zwischen Ihre Grünpflanzen stecken.

Mit Kleber aus der Heißklebepistole wird auf der Rückseite der Steckfiguren der Haltestab angebracht. Dazu kürzen Sie das Rundholz auf die gewünschte Länge, legen den Stab auf die Rückseite der jeweiligen Figur und spritzen den Kleber etwa fingernagelgroß auf.

Wutz

MATERIAL:

- **Tonkarton, rosa, rosé, altrosa, hellblau, azurblau und citronengelb**
- **Rundholz, ø 6 mm**

Sämtliche Motivteile werden einmal aus Tonkarton zugeschnitten. Mit einem schwarzen Filzstift zunächst die Linien auf die Einzelteile zeichnen.
Als erstes schmücken Sie Wutz mit ihrem Kopftuch. Dann werden das angedeutete Hemdteil und der Kragen fixiert. Die Ohren aufsetzen. Zuletzt befestigen Sie mitten in Wutz' Gesicht den Nasenrüssel und ergänzen die beiden Nasenlöcher.

Ping

MATERIAL:

- **Tonkarton, königsblau, orange und pastellgrün**
- **Tonpapier, rubinrot, dunkelrot, rosa und weiß**
- **Rundholz, ø 6 mm**

Körper, Bauch, Füße und Schnabel werden je einmal aus Tonkarton, die übrigen Teile jeweils einmal aus Tonpapier gearbeitet. Kleben Sie die Füße auf Pings Körper; danach wird der Bauch fixiert.
Nun den Schnabel plazieren sowie Mund und Zunge aufsetzen.
Zuletzt ergänzen Sie Ping mit seinen Augen und befestigen die rote Schleife auf seiner Brust. Pupillen, Augenbrauen und Mundwinkel werden mit einem schwarzen Filzstift aufgezeichnet, die Lichtreflexe mit weißer Farbe.

Wawa

MATERIAL:

- **Tonkarton, meergrün und tropicgrün (Gras)**
- **Tonpapier, mint, sonnengelb, rosa, dunkelrot, violett und weiß**
- **Rundholz, ø 6 mm**

Wawa als Steckfigur wird von beiden Seiten gestaltet.
Das Gras, Wawas Körper und den einzelnen Arm aus Tonkarton ausschneiden. Die restlichen Teile werden jeweils doppelt aus Tonpapier gearbeitet. Mit einem Cutter die Öffnung zwischen Wawas Beinen heraustrennen.
Zu Beginn zeichnen Sie mit einem schwarzen Filzstift die Linien auf die Einzelteile. Nun beidseitig den Bauch samt Gesichtsteil fixieren. Anschließend plazieren Sie Krawatte, Mund und Zunge.
Die Brille setzen Sie Wawa auf den Kopf, die Gläser werden mit den Lichtreflexen ergänzt. Der einzelne Arm wird nur auf der Vorderseite befestigt. Zuletzt setzen Sie Wawa zwischen die beiden Grasbüschel.

Motivhöhe
ca. 21 cm (Serviettenhalter)
ca. 12 cm (Tischkärtchen)

Tischdeko

(Beschreibung Seite 42/43)

Bei einer zünftigen Geburtstagsfeier dürfen
Urmel und seine Freunde nicht fehlen!
Hier weiß jeder gleich, wo er Platz nehmen soll.

Tischdeko

(Abbildung Seite 40/41)

Tischkärtchen

Nach dem Zuschneiden der Einzelteile zeichnen Sie zunächst mit einem Filzstift die schwarzen Linien auf die Motivteile. Die Größe des Stellkärtchens ist bei allen drei Motiven gleich. Den Namenszug schreiben Sie auf das Tonkartonkärtchen, bei Seele-Fant wird der Name direkt auf den Bauch geschrieben.

Schusch

MATERIAL:

- **Tonkarton, rosa**
- **Tonpapier, hellorange, goldgelb, dunkelrot, dunkelblau, krokus und weiß**

Den Hals samt dem Kopfteil schneiden Sie einmal aus Tonkarton aus. Bis auf die Halskrause, die einmal gebraucht wird, werden die übrigen Teile je doppelt aus Tonpapier zugeschnitten.
Ergänzen Sie Schusch mit seiner Mütze und den aufgesetzten Brillengläsern. Danach werden der Schnabel, das Schnabelinnenteil und die Augen beidseitig fixiert. Mit einem Filzstift die Pupillen aufmalen sowie die Lichtpunkte auftragen. Dann wird Schusch auf das Stellkärtchen geklebt. Abschließend legen Sie ihm noch seine Halskrause um.

Seele-Fant

MATERIAL:

- **Tonkarton, dunkelblau**
- **Tonpapier, krokus, dunkelrot, rosa und weiß**

Seele-Fants Körper einmal aus Tonkarton, die restlichen Teile jeweils doppelt aus Tonpapier zuschneiden.
Beidseitig den Bauch und die Rückenflekken fixieren. Anschließend den Mund und die Zunge plazieren. Setzen Sie Seele-Fant das Hütchen auf den Kopf, und ergänzen Sie seine Augen. Zuletzt kleben Sie Seele-Fant auf das Stellkärtchen, dabei schließt der untere Rand bündig ab.

Wawa

MATERIAL:

- **Tonkarton, meergrün und mint**
- **Tonpapier, mint, sonnengelb, rosa, dunkelrot, violett und weiß**

Den Kopf einmal aus Tonkarton und die Krawatte einmal aus Tonpapier arbeiten. Die restlichen Teile werden jeweils doppelt aus Tonpapier benötigt.
Den Hals samt Gesicht beidseitig fixieren. Anschließend den Mund, die Zunge und die Brille plazieren. Die Reflexe auf die Brille setzen. Dann wird Wawa auf dem Stellkärtchen fixiert. Zuletzt ergänzen Sie Wawa noch mit seiner Krawatte.

Serviettenhalter

Die beiden Serviettenhalter bestehen aus je zwei Motivhälften, in die ein Keil geklebt wird, der die Serviette aufnimmt. Eine Außenseite wird dabei spiegelverkehrt angefertigt.

Ping

MATERIAL:

- **Tonkarton, königsblau, orange und rubinrot**
- **Tonpapier, pastellgrün und weiß**
- **Papierserviette**

Bauch und Auge schneiden Sie jeweils doppelt aus Tonpapier zu. Die restlichen Teile werden je doppelt aus Tonkarton gearbeitet.
Zunächst zeichnen Sie mit einem schwarzen Filzstift die Linien auf die Einzelteile. Dann wird zuerst das Bauchteil auf Pings Körper fixiert, danach befestigen Sie die Füße, den Schnabel, das Auge und die rote Fliege. Die Pupillen mit dem Filzstift auftragen und den Lichtpunkt einsetzen.
Anschließend werden die beiden Figurenhälften an den senkrechten, gestrichelten Linien gefalzt. Auf die schmale Klebelasche Klebstoff geben und die beiden Hälften zusammenkleben.
Zuletzt wird aus dem königsblauen Tonkarton ein Kartonstreifen zugeschnitten (siehe Vorlagenbogen).
Den Streifen an den gestrichelten Linien falzen und in Keilform zusammenkleben.
Den Keil mit der Spitze zwischen den Serviettenhalter schieben und fixieren.
Die gefaltete Serviette stecken Sie in Pings Bauch.

Urmel

MATERIAL:

- **Tonkarton, mausgrau und weiß**
- **Tonpapier, hellgrau, mausgrau, rubinrot, sonnengelb und weiß**
- **Papierserviette**

Körper und Arme werden doppelt aus Tonkarton, alle übrigen Teile doppelt aus Tonpapier geschnitten.
Zu Beginn werden mit einem schwarzen Filzstift sämtliche Linien auf die Einzelteile gezeichnet. Anschließend das Gesichtsteil plazieren und mit den Nasenlöchern ergänzen. Die Augen aufkleben, die Pupillen mit einem Filzstift aufmalen und die Lichtflecken einsetzen.
Dann fixieren Sie nacheinander die Hose, die Knöpfe, das Halstuch, den Ärmel und den Arm.
Nun werden die beiden Urmelmotive an den senkrechten, gestrichelten Linien gefalzt und mit den schmalen Klebekanten zusammengeklebt.
Aus weißem Tonkarton einen Streifen ausschneiden (siehe Vorlagenbogen), den Karton an den gestrichelten Linien falzen und in Keilform zusammenkleben. Den Keil mit der Spitze zwischen die beiden Urmelhälften schieben und festkleben.
Und schon ist Urmel bereit, Ihre Serviette artig zu halten.

Motivhöhe ca. 19 cm

Grüße aus Titiwu

Solch tolle Karten trägt Schusch besonders gerne aus. Wer freut sich auch nicht über einen lieben Urmelgruß oder über Geburtstagswünsche, die von Ping verlesen werden?

Urmel-Karte

MATERIAL:

- **Tonkarton, californiablau und mausgrau**
- **Tonpapier, mausgrau, hellgrau, rubinrot, weiß, gelb und dunkelgrün**
- **Satinband, rot**

Aus dem californiablauen Tonkarton die Kartengrundform zuschneiden und an der gestrichelten Linie zu einer Faltkarte knicken. Mit einem Cutter den Kreis heraustrennen.
Urmels Kopf wird einmal aus Tonkarton, die übrigen Teile werden jeweils doppelt aus Tonpapier angefertigt. Mit einem schwarzen Filzstift werden zunächst die Linien auf das Tonpapier gezeichnet. Anschließend fixieren Sie Urmels Gesicht beidseitig auf dem Kopf, darauf setzen Sie die beiden Nasenlöcher. Dann nacheinander das Hemd, das Halstuch und den Arm aufkleben. Zuletzt befestigen Sie die Augen und malen Pupillen und Lichtreflexe auf. Jetzt wird Urmel in sein „Guckloch" auf der Kartenvorderseite geschoben. Den unteren Hemdrand fixieren Sie im Innenteil, die Ohren auf der Vorderseite der Karte. So scheint Urmel aus der Karte herauszuschauen. Dann aus Tonpapier den Schriftzug ausschneiden und in der Reihenfolge l-e-m-u-r am unteren Kartenrand aufkleben. Die Buchstaben überlappen sich dabei etwas. Zuletzt binden Sie um die Falzkante der Karte rotes Satinband und verknoten es vorn zu einer Schleife.

Pings Glückwünsche

MATERIAL:

- **Tonkarton, sonnengelb**
- **Tonpapier, königsblau, pastellgrün, orange und weiß**
- **Satinband, dunkelblau**

Aus dem Tonkarton ein Rechteck von 26 cm x 19 cm schneiden und zu einer Doppelkarte von 19 cm x 13 cm knicken.
Sämtliche Einzelteile von Ping werden einmal aus Tonpapier zugeschnitten. Als erstes zeichnen Sie mit einem schwarzen Filzstift die Gesichtslinien auf und deuten die Briefkonturen an. Bevor Sie das Bauchteil aufkleben, fixie-

ren Sie zunächst Pings Füße am unteren Körperrand. Anschließend das Gesicht mit den Augen und dem Schnabel ergänzen. Zuletzt wird das Briefpapier plaziert und darauf die beiden Flügel. Dann können Sie den kleinen Pinguin auf der Kartenvorderseite befestigen. Als Verzierung binden Sie noch dunkelblaues Satinband um die Knickkante. Die Bandenden am oberen Kartenrand zu einer Schleife verknoten.

Ein Dschungelmobile

Schusch und Wawa haben es ja ziemlich eilig. Ob Schusch dringende Post zu erledigen hat? Und Wawa möchte bestimmt schleunigst in seine Muschel.

Motivhöhe ca. 16-17 cm

MATERIAL:

Schusch:
- **Tonkarton, rosa**
- **Tonpapier, orange, goldgelb, dunkelrot, dunkelblau, krokus, dunkelgrau und weiß**

Wawa:
- **Tonkarton, meergrün**
- **Tonpapier, mint, sonnengelb, violett und weiß**

Palmen:
- **Tonkarton, tropicgrün**
- **Tonpapier, dunkelbraun und grün**

- **Mobilebügel**
- **Nylonfaden**

Bevor die einzelnen Motive zusammengefügt werden, zeichnen Sie mit einem schwarzen Filzstift die Linien auf die Einzelteile.

SCHUSCH

Den Körper einmal aus Tonkarton, die übrigen Teile jeweils doppelt aus Tonpapier ausschneiden. Zu Beginn erhält Schusch seine dunkelroten Flügelspitzen und die Halskrause. Anschließend die Schwanzfedern mit den grauen Spitzen ergänzen und die Beine fixieren. Nun wird der Kopf gestaltet. Nacheinander die Mütze, die Fliegerbrille und den Schnabel aufkleben. Zuletzt die Augen befestigen und die Pupillen mit einem Filzstift aufmalen.

WAWA

Schneiden Sie Wawas Körper einmal aus Tonkarton zu. Die restlichen Motivteile werden je zweimal aus Tonpapier benötigt. Kleben Sie den

Bauch und das Gesichtsteil auf den Körper. Dann werden die Augen und die Brille fixiert. Mit einem schwarzen Filzstift die Pupillen auftragen. Zuletzt erhält Wawa noch seine fesche Krawatte, die im Laufwind heftig flattert.

PALMEN

Die Palmenblätter werden aus Tonkarton, Stamm und Grasbüschel jeweils doppelt aus Tonpapier geschnitten. Fixieren Sie das Blätterdach zwischen den beiden Stammhälften. Anschließend am Fuß des Palmenstamms vorn und hinten ein Grasbüschel plazieren.

Stechen Sie nun mit einer Nadel je ein Loch in Wawa, Schusch und die drei Palmen. Durch die Löcher Nylonfaden ziehen und die Figuren an Mobilebügeln aufhängen. Und ab geht's durch den grünen Dschungel!

Trinkhalmstecker

Mit solch lustigen Trinkhalmsteckern macht das Trinken noch mehr Spaß!

MATERIAL:

Urmel:

- **Tonkarton, mausgrau**
- **Tonpapier, mausgrau, hellgrau, dunkelrot, rosa und weiß**

Schusch:

- **Tonkarton, goldgelb und dunkelblau**
- **Tonpapier, rosa, krokus und weiß**

- **Trinkhalme**

Schneiden Sie Urmels Kopf sowie Schnabel und Mütze von Schusch je einmal aus Tonkarton zu. Die restlichen Teile werden einmal aus Tonpapier gearbeitet. Zu Beginn zeichnen Sie mit einem schwarzen Filzstift die Linien auf die Einzelteile. Dann kleben Sie das Gesichtsteil auf Urmels Kopf und ergänzen seine Augen, die Nasenlöcher, den Mund und die Zunge. Der Kopf von Schusch wird auf der Mütze fixiert. Dann werden nacheinander der Schnabel, die Augen und die Fliegerbrille plaziert.

Um die Köpfe am Trinkhalm zu befestigen, hinterkleben Sie Urmel und Schusch mit je einem schmalen Haltestreifen aus Tonkarton (siehe Vorlagenbogen). Die Streifen werden an den gestrichelten Linien gefalzt, geknickt und anschließend so auf der Kopfrückseite befestigt, daß das mittlere Teil eine Schlaufe bildet, durch die der Trinkhalm geschoben werden kann.